Prasanna B. Ranade
Dinesh N. Navale
Ritika M. Makhijani

Curso de Competências Profissionais (VSC): Química Aplicada

Prasanna B. Ranade
Dinesh N. Navale
Ritika M. Makhijani

Curso de Competências Profissionais (VSC): Química Aplicada

S.Y.B.SC. Semestre III

ScienciaScripts

Imprint

Any brand names and product names mentioned in this book are subject to trademark, brand or patent protection and are trademarks or registered trademarks of their respective holders. The use of brand names, product names, common names, trade names, product descriptions etc. even without a particular marking in this work is in no way to be construed to mean that such names may be regarded as unrestricted in respect of trademark and brand protection legislation and could thus be used by anyone.

Cover image: www.ingimage.com

This book is a translation from the original published under ISBN 978-620-7-80543-3.

Publisher:
Sciencia Scripts
is a trademark of
Dodo Books Indian Ocean Ltd. and OmniScriptum S.R.L publishing group

120 High Road, East Finchley, London, N2 9ED, United Kingdom
Str. Armeneasca 28/1, office 1, Chisinau MD-2012, Republic of Moldova, Europe
Printed at: see last page
ISBN: 978-620-7-85186-7

Autores: 1) Dra. Prasanna B. Ranade
Professor assistente
Departamento de Química
Sociedade de Educação Vivekanand
Faculdade de Artes, Ciências e Comércio (autônoma)
Chembur Bombaim 400 071.
Autor correspondente prasannabranade@gmail.com

2) Dr. Dinesh N. Navale
Professor assistente
Departamento de Química
Sociedade de Educação Vivekanand
Faculdade de Artes, Ciências e Comércio (autônoma)
Chembur Bombaim 400 071.
                dineshnavale@gmail.com

3) Dra. Ritika M. Makhijani
Professor
Departamento de Química
Sociedade de Educação Vivekanand
Faculdade de Artes, Ciências e Comércio (autônoma)
                Chembur Bombaim 400 071.

4) Dr.
                Professor
Departamento de Química
Sociedade de Educação Vivekanand
Faculdade de Artes, Ciências e Comércio (autônoma)
Chembur Bombaim 400 071.

5) Sra.
Professor assistente
Departamento de Química
Sociedade de Educação Vivekanand
Faculdade de Artes, Ciências e Comércio (autônoma)
Chembur Bombaim 400 071.

1) Dr. Prasanna Ranade, um químico estimado, completou seu bacharelado. em Química no Sheth JN Paliwala College em 2007 e seu M.Sc. em Química Orgânica pela Changu Kana Thakur College, Panvel , em 2009. Em seguida, ganhou experiência prática como estagiário na Macleod Pharma Company. Em 2010, ele iniciou seu doutorado. estudos na Universidade de Mumbai. Dr. Ranade tem um histórico impressionante de publicações, patentes e apresentações internacionais. Desde 2017, ele é professor assistente na Vivekanand Education Society's College, onde ensina química inorgânica e orienta alunos em exames competitivos.

2) Dinesh Navale , um químico talentoso, obteve seu bacharelado. em Química, Física e Matemática pela Annasaheb Waghire College em 2005 e um M.Sc. em Química de Medicamentos pelo Ahmednagar College em 2007. Trabalhou como pesquisador associado júnior na Nycomed Pharma, com foco em inibidores de IKK2. Em 2008, ele iniciou seu doutorado. na Universidade de Mumbai, pesquisando materiais cristalinos líquidos contendo ferroceno. Dr. Navale publicou internacionalmente, registrou patentes e apresentou seu trabalho amplamente. Desde 2013, ele é professor assistente no Vivekanad Education Society's College, onde ensina e orienta alunos em exames competitivos .

3) Ritika M. Makhijani é uma professora ilustre conhecida por sua experiência em Físico-Química e seu envolvimento ativo na pesquisa. Na Vivekanand Education Society's College, ela atua como vice-diretora, destacando-se tanto em capacidades acadêmicas quanto administrativas. Seu extenso histórico de publicações em periódicos nacionais e internacionais destaca suas contribuições significativas para a área. A liderança da Dra. Makhijani vai além da pesquisa, pois ela orienta ativamente os alunos e colabora com colegas para promover a investigação científica. Seu compromisso com a excelência acadêmica e o crescimento institucional fazem dela uma figura respeitada nas comunidades educacional e científica.

4) Dr. Pooja Jagasia, professor e pesquisador ativo no Vivekanand Education Society's College, desempenha um papel vital nas capacidades acadêmicas e administrativas. Sua dedicação ao ensino e à pesquisa enriqueceu significativamente o ambiente acadêmico da faculdade. Com foco em promover o desenvolvimento dos alunos, ela integra métodos de ensino inovadores e aprendizagem baseada em pesquisa em seu currículo. Os interesses de pesquisa da Dra. Jagasia abrangem uma ampla gama de tópicos em química, e ela publicou vários artigos em periódicos de renome. Seu trabalho foi reconhecido com diversos prêmios e bolsas.

5) Divya Khaire, com mestrado em Físico-Química e qualificação SET, atua como estimada professora assistente na Vivekanand Education Society. Com paixão pelo ensino e compromisso com o sucesso dos alunos, ela se envolve ativamente no desenvolvimento

curricular e na inovação instrucional. O rigor acadêmico e o entusiasmo da Sra. Khaire inspiram seus alunos a se destacarem em seus estudos e a seguirem carreiras em química com confiança. Suas contribuições contribuem significativamente para a reputação acadêmica e o crescimento da faculdade.

O livro do curso de habilidades vocacionais em Química da SYBSC foi desenvolvido para aprimorar as habilidades práticas em química para alunos do segundo ano de Bacharelado em Ciências. O livro concentra-se em técnicas práticas de laboratório, reforçando o conhecimento teórico por meio da aplicação prática. Os principais experimentos incluem:

1. Técnicas Básicas de Laboratório: Introdução às práticas laboratoriais fundamentais, como manuseio adequado de vidrarias, uso de balanças analíticas e protocolos de segurança.

2. Análise Quantitativa: Técnicas de determinação da concentração de substâncias através de métodos de titulação ácido-base.

3. Síntese de Compostos Químicos: Instruções passo a passo para sintetizar compostos orgânicos e inorgânicos, enfatizando mecanismos de reação e métodos de purificação.

4. Métodos Instrumentais de Análise: Sessões práticas de utilização de instrumentos como colorímetro para análise de amostras químicas.

5. No curso vocacional de Química SYBSC, os alunos também obterão proficiência em diversas ferramentas de software que são essenciais para análises e pesquisas químicas modernas.

6. A integração do treinamento em software ao currículo aumentará sua capacidade de analisar dados, simular reações químicas e visualizar estruturas moleculares.

7. As principais ferramentas de software abordadas incluem: ChemDraw / ChemSketch : essas ferramentas ajudam os alunos a desenhar estruturas, reações e mecanismos químicos. Eles são essenciais para criar diagramas com qualidade de publicação e compreender a geometria molecular.

8. Cada experimento inclui procedimentos experimentais detalhados, métodos de análise de dados e interpretação de resultados. O livro visa desenvolver competências em habilidades laboratoriais, pensamento crítico e relatórios científicos, preparando os alunos para estudos avançados e carreiras profissionais em química.

Sr. Não	Título da experiência Química Aplicada
1	Para preparar carbonato de cálcio.
2	Para preparar carbonato de magnésio.
3	Para preparar ácido bórico a partir de bórax
4	Para preparar sulfato de magnésio.
5	Para preparar Potassa Alúmen. $[K_2SO_4 Al_2(SO_4)_3]24H_2O$
6	Sintetizar nanopartículas de prata pelo método de síntese química.
7	Estimativa de laranja de metila usando colorimetria
8	Para determinar a capacidade neutralizante de ácido de um determinado antiácido
9	Para preparar sulfato de tetraamina e cobre (II), $[Cu(NH_3)_4]SO_4 5H_2O$
10	Compreender o manuseio do software de desenho químico em química.
11	Para entender as aplicações do software chem draw em química
12	Preparar o Monograma de algumas drogas.
13	Análise de dados usando cálculos e usando MS-Excel

ÍNDICE

Experiência nº 01 6

Experiência nº 02 9

Experiência nº 03 12

Experiência nº 04 15

Experiência nº 05 18

Experiência nº 06 21

Experiência nº 07 23

Experiência nº 08 26

Experiência nº 09 29

Experiência nº 10 31

Experiência nº: 11 33

Experiência nº 12 35

Experiência nº 13 38

Referências 44

Experiência nº 01

Objetivo: Preparar carbonato de cálcio ($CaCO_3$).

Requisitos Produtos químicos necessários: Carbonato de sódio (Na_2CO_3), Cloreto de cálcio ($CaCl_2$). Aparelho necessário: copo, funil, vareta de vidro e cilindro de medição.

Teoria : Carbonato de cálcio ($CaCO_3$) é um composto químico composto de cálcio, carbono e oxigênio.

Fórmula Química : $CaCO3$

Peso molecular: 100,09 g/mol

Ocorrência: O carbonato de cálcio é um dos minerais mais abundantes na Terra. É encontrado naturalmente em várias formas, incluindo calcário, giz, mármore, calcita e aragonita. É um componente importante de rochas, como calcário e dolomita, e também está presente em conchas de organismos marinhos, pérolas e cascas de ovos.

Propriedades físicas :

- Aparência: Normalmente aparece como um pó branco, inodoro e insípido.

- Densidade: A densidade do carbonato de cálcio varia dependendo da sua forma e pureza, mas normalmente varia de 2,7 a 2,9 g/cm^3.

- Solubilidade: É pouco solúvel em água.

Propriedades quimicas:

- Reatividade: O carbonato de cálcio reage com ácidos para produzir gás dióxido de carbono, água e um sal de cálcio. Também reage com bases fortes para formar sais de cálcio e água.

- Decomposição: Quando aquecido a altas temperaturas, o carbonato de cálcio se decompõe para produzir óxido de cálcio (cal viva) e gás dióxido de carbono.

Procedimento:

1) Dissolva 1,0g de carbonato de sódio (Na_2CO_3) em 20ml de água destilada em um béquer de 100ml.

2) Dissolva 1,0g de cloreto de cálcio ($CaCl_2$) em 20ml de água destilada em um béquer de 100ml.

3) Transferir a solução de Na_2CO_3 para solução de cloreto de cálcio ($CaCl_2$) com agitação constante usando uma vareta de vidro.

4) Deixando-se repousar durante 15 minutos, produz-se o precipitado de carbonato de cálcio.

5) Filtre a solução usando papel de filtro.

6) Seque e pese o pó fino branco de carbonato de cálcio.

Aplicações e usos :
- Construção: O carbonato de cálcio é um ingrediente chave na produção de cimento, argamassa e concreto. É usado como enchimento e pigmento em tintas, revestimentos e selantes.
- Agricultura: É amplamente utilizado como condicionador de solo para neutralizar solos ácidos e fornecer cálcio às plantas.
- Produtos farmacêuticos: O carbonato de cálcio precipitado é usado como antiácido para aliviar azia, indigestão e dores de estômago.
- Alimentos e Bebidas: O carbonato de cálcio é usado como aditivo alimentar para fornecer fortificação de cálcio em produtos como pão, cereais e substitutos de laticínios.
- Indústria de papel: É usado como enchimento e pigmento de revestimento na indústria de papel para melhorar o brilho, a opacidade e a suavidade dos produtos de papel.
- Produção: O carbonato de cálcio é produzido comercialmente através de vários métodos, incluindo extração e mineração de depósitos naturais, bem como precipitação química de hidróxido de cálcio e dióxido de carbono.
- Impacto Ambiental: O carbonato de cálcio é considerado relativamente seguro e ambientalmente benigno. Porém, na sua forma natural, pode contribuir para a formação de água dura, o que pode causar incrustações em tubulações e eletrodomésticos.
- Efeitos na saúde: A ingestão de pequenas quantidades de carbonato de cálcio é geralmente considerada segura e até benéfica para a saúde óssea. No entanto, o consumo excessivo pode causar hipercalcemia ou cálculos renais em indivíduos suscetíveis.

Observações e Cálculos:

Observação:
- O peso observado do pó de $CaCO_3$ é________(A)gm
- A cor do pó é _______________
- É _________________ por natureza. (Cristalino ou Amorfo)

Cálculos:

I.   **Rendimento Teórico:**

110,98 g de $CaCl_2$ dão 100,08 g de $CaCO_3$ em pó.

Portanto, 1 g de pó de $CaCl_2 = \dfrac{100.08 \ x \ 1}{110.98}$

= 0,902 g de $CaCO_3$ em pó

∴ Rendimento Teórico = 0,902 g

II.   **Rendimento percentual:**

Rendimento percentual $= \dfrac{Observed\ yield}{Theoretical\ Yield} \ x \ 100$

$= \dfrac{A}{0.902} \ x \ 100 = \underline{\hspace{3cm}}\%$

Resultado :

1) Peso do pó de $CaCO_3 = \underline{\hspace{2cm}}$ gm

2) Rendimento percentual de pó de $CaCO_3 = \underline{\hspace{2cm}}\%$

Carbonato de cálcio foi preparado e submetido.

do Professor : $\underline{\hspace{4cm}}$

<u>**Experiência nº 02**</u>

Objetivo: Preparar e submeter carbonato de magnésio ($MgCO_3$)

Requisitos Produtos químicos necessários: Sulfato de magnésio hepta-hidratado ($MgSO_4.7H_2O$), Carbonato de sódio (Na_2CO_3) Aparelho necessário: - Copo, vareta de vidro, proveta medidora, funil.

Teoria : Carbonato de magnésio ($MgCO_3$) é um composto químico composto de magnésio, carbono e oxigênio.

Fórmula Química : $MgCO3$

Peso molecular: 84,3139 g/mol

Ocorrência : O carbonato de magnésio ocorre naturalmente como vários minerais, incluindo magnesita, dolomita e hidromagnesita. Também é encontrado em algumas salmouras e na água do mar.

Propriedades físicas:

Aparência: O carbonato de magnésio normalmente ocorre como um sólido branco em várias formas, como pó, grânulos ou cristais.

Densidade: A densidade do carbonato de magnésio varia dependendo de sua forma e pureza, mas geralmente fica em torno de 2,958 g/cm3.

Solubilidade: É pouco solúvel em água, com solubilidade de aproximadamente 0,02 g/100 mL a 25°C. No entanto, a sua solubilidade pode ser aumentada em condições ácidas.

Propriedades quimicas:

Reatividade: O carbonato de magnésio reage com ácidos para produzir gás dióxido de carbono, água e um sal de magnésio. Também pode reagir com bases fortes para formar sais de magnésio e água.

Decomposição: Quando aquecido a altas temperaturas, o carbonato de magnésio se decompõe para produzir óxido de magnésio (magnésia) e gás dióxido de carbono.

Procedimento:

1) Dissolva 1,0g de carbonato de sódio (Na_2CO_3) em 20ml de água destilada em um béquer de 100ml.
2) Dissolva 1,0g de sulfato de magnésio heptahidratado ($MgSO_4.7H_2O$) em 20ml de água destilada em um béquer de 100ml.
3) Transferir a solução de Na_2CO_3 para solução de sulfato de magnésio heptahidratado ($MgSO_4.7H_2O$) com agitação constante usando uma vareta de vidro.
4) Deixando-se repousar durante 15 minutos, produz-se o precipitado de carbonato de magnésio.
5) Filtre a solução usando papel de filtro.

6) Seque e pese o pó fino branco de carbonato de magnésio.

Formulários:
- Farmacêutico: O carbonato de magnésio é usado como antiácido para aliviar azia, indigestão e dores de estômago.
- Esportes e Fitness: É usado como agente secante em ginástica, levantamento de peso e escalada para melhorar a aderência, reduzindo o suor e a umidade.
- Cuidados Pessoais: O carbonato de magnésio é usado em alguns produtos de cuidados pessoais, como talcos para bebês e talcos para pés, por suas propriedades absorventes.
- À prova de fogo: É usado como aditivo retardador de fogo em materiais como plásticos e borracha.
- Aplicações laboratoriais: O carbonato de magnésio é utilizado em laboratórios como agente secante e adsorvente em cromatografia.
- Produção: O carbonato de magnésio pode ser produzido através da reação de sais de magnésio (por exemplo, sulfato de magnésio ou cloreto de magnésio) com carbonato de sódio ou bicarbonato de sódio.
- Impacto Ambiental: O carbonato de magnésio é geralmente considerado seguro e ambientalmente benigno. É biodegradável e não persiste no meio ambiente.
- Efeitos na saúde: A ingestão de pequenas quantidades de carbonato de magnésio é geralmente considerada segura. No entanto, o consumo excessivo pode causar diarreia ou distúrbios gastrointestinais em indivíduos sensíveis. O carbonato de magnésio também é usado como suplemento de magnésio para aliviar a deficiência de magnésio.
- No geral, o carbonato de magnésio tem diversas aplicações industriais, farmacêuticas e de cuidados pessoais, devido às suas propriedades absorventes e reatividade química.

Observações e Cálculos:
Observação:
- O peso observado do pó de $MgCO_3$ é____________(A)gm
- A cor do pó é ________________
- É __________________ por natureza. (Cristalino ou Amorfo)

Cálculos:
I. Rendimento Teórico:

246,47 g de $MgSO_4.7H_2O$ dão 84,31 g de $MgCO_3$ em pó.

Portanto, 1,0 g de pó de $MgSO_4.7H_2O = \dfrac{84.31 \ x \ 1}{246.47}$

= 0,342 g de pó de $MgCO_3$

∴ Rendimento Teórico = 0,342 g

II.   Rendimento percentual:

Rendimento percentual $= \dfrac{Observed\ yield}{Theoretical\ Yield} \ x \ 100$

$= \dfrac{A}{0.342} \ x \ 100 = \underline{\hspace{3cm}}\%$

Resultado :
1) Peso do pó de $MgCO_3 = \underline{\hspace{2cm}}$gm
2) Rendimento percentual de pó de $MgCO_3 = \underline{\hspace{2cm}}\%$
3) Carbonato de magnésio foi preparado e submetido.

Assinatura do Professor: $\underline{\hspace{4cm}}$

<u>**Experiência nº 03**</u>

Objetivo: Preparar e submeter ácido bórico (H_3BO_3)

Requisitos:
Produtos químicos necessários: Bórax ($Na_2B_4O_7.10H_2O$), ácido sulfúrico diluído (H_2SO_4)
Aparelhos necessários: copo, pipeta, cilindro medidor, vareta de vidro, funil.

Teoria:
O bórax, também conhecido como borato de sódio ou tetraborato de sódio, é um composto mineral natural composto de sódio, boro, oxigênio e água.
Fórmula Química : Na2B4O7·10H2O
Peso molecular : 381,37 g/mol
Ocorrência: O bórax é encontrado naturalmente em depósitos de evaporito produzidos pela evaporação repetida de lagos sazonais. É extraído principalmente de depósitos na Califórnia, Turquia, Chile e Tibete.
Propriedades físicas :
Aparência: O bórax ocorre como um pó cristalino branco ou como cristais incolores . Na sua forma decaidratada, apresenta-se como cristais incolores e inodoros .
Densidade: A densidade do bórax varia dependendo do seu estado de hidratação, mas normalmente varia de 1,73 a 1,78 g/cm3.
Solubilidade: O bórax é solúvel em água, com solubilidade de aproximadamente 25,2 g/100 mL a 20°C. Também é moderadamente solúvel em álcool.
Propriedades quimicas:
Reatividade: O bórax é um composto fracamente alcalino e pode reagir com ácidos para formar ácido bórico e sais. Também pode formar complexos com íons metálicos, tornando-o útil em diversas aplicações químicas.
Teste de chama: O bórax emite uma chama verde quando aquecido, o que o torna útil em testes de chama para detectar a presença de certos íons metálicos.

$$Na_2B_4O_7 + H_2SO_4 + 5H_2O \rightarrow 4H_3BO_3 + Na_2SO_4$$

Procedimento:
1) Dissolva 5,0g de bórax em 10ml de água destilada em um copo de 100ml.

2) Adicione 40 ml de ácido sulfúrico diluído, H_2SO_4 com agitação contínua e ferva a solução.

3) Arrefecer a solução aquosa acima em banho de gelo durante 40 minutos.

4) Filtre cuidadosamente os cristais obtidos.

5) Seque e pese os cristais de ácido bórico.

Formulários:

- Limpeza e lavanderia: O bórax é comumente usado como limpador doméstico e intensificador de lavanderia devido à sua capacidade de amaciar a água, remover manchas e desodorizar.
- Controle de pragas: É usado como inseticida para controlar formigas, baratas e outras pragas, perturbando seu sistema digestivo.
- Cosméticos e cuidados pessoais: O bórax é usado em alguns cosméticos e produtos de cuidados pessoais como agente tampão, emulsificante e conservante.
- Fluxo na Metalurgia: O bórax é usado como fluxo na metalurgia para diminuir o ponto de fusão dos óxidos metálicos durante os processos de soldagem, soldagem e brasagem.
- Vidro e Cerâmica: O bórax é utilizado na produção de vidro e cerâmica para melhorar sua resistência térmica e química.
- Segurança: Embora o bórax seja geralmente considerado seguro para a maioria dos usos domésticos, a ingestão ou inalação de grandes quantidades pode causar irritação gastrointestinal, náusea, vômito e diarreia . A exposição prolongada ao pó de bórax pode irritar o trato respiratório e a pele. Portanto, é essencial manusear o bórax com cuidado e seguir as precauções de segurança.

Observações e Cálculos:
Observação:

- O peso observado do pó de H_3BO_3 é____________(A)gm
- A cor do pó é ________________
- É __________________ por natureza. (Cristalino ou Amorfo)

Cálculos:
I. Rendimento Teórico:

381,37 g de $Na_2B_4O_7.10H_2O$ dão 61,83 g de H_3BO_3 em pó.

Portanto 5,0 g de $Na_2B_4O_7.10H_2O$ em pó $= \dfrac{61.83 \ x \ 5}{381.37}$

= 0,811 g de pó de H_3BO_3

∴ Rendimento Teórico = 0,811 g

II. Rendimento percentual:

Rendimento percentual=$\dfrac{Observed\ yield}{Theoretical\ Yield}$ x 100

$=\dfrac{A}{0.811}$ x 100=_____________%

Resultado :

1) Peso do pó H_3BO_3 =_________gm

   2) Rendimento percentual de pó de H_3BO_3 = _______%

   3) Ácido Bórico (H_3BO_3) foi preparado e submetido.

do Professor :_ ___________________

<u>**Experiência nº 04**</u>

Objetivo: Preparar sulfato de magnésio ($MgSO_4$)

Requisitos: Produtos químicos necessários: Óxido de magnésio, ácido sulfúrico diluído. Aparelhos necessários: - Copo, funil, vareta de vidro e cilindro de medição.

Teoria:
O sulfato de magnésio , também conhecido como sal Epsom, é um composto químico composto de magnésio, enxofre e oxigênio com a fórmula química MgSO4. Aqui estão algumas informações detalhadas sobre isso:
Fórmula Química : MgSO4
Peso molecular : 120,366 g/mol
Aparência: O sulfato de magnésio normalmente ocorre como um sólido cristalino branco. Também pode ser encontrado em diversas formas hidratadas, incluindo o heptahidrato ($MgSO_4 \cdot 7H_2O$), conhecido como sal de Epsom.
Ocorrência: O sulfato de magnésio ocorre naturalmente em minerais como epsomita (sal de Epsom) e kieserita. Também é encontrado em certas águas minerais e na água do mar.
Propriedades físicas:
Densidade: A densidade do sulfato de magnésio varia dependendo do seu estado de hidratação. Por exemplo, a densidade do sal Epsom (heptahidrato) é aproximadamente 1,68 g/ cm^3 .
Solubilidade: O sulfato de magnésio é altamente solúvel em água, com a solubilidade aumentando com a temperatura. É moderadamente solúvel em etanol.
Propriedades quimicas:
Reatividade: O sulfato de magnésio é um sal que se dissocia em água para liberar íons de magnésio (Mg^{2+}) e íons sulfato (SO_4^{2-}). É relativamente estável em condições normais.
Hidratação: O sulfato de magnésio forma hidratos prontamente, sendo a forma mais comum o heptahidrato (sal de Epsom).

Procedimento:
1) Pese 1,0g de óxido de magnésio em um béquer.
2) Adicione 10ml de ácido sulfúrico diluído em um béquer de 250ml.
3) Observe as efervescências.
4) Após cessar a efervescência, o líquido é filtrado em papel filtro

5) Resfrie o filtrado.

6) Cristais de sulfato de magnésio são formados e separados por filtração à temperatura ambiente.

7) Seque e pese os cristais.

Observações e Cálculos:
Observação:

- O peso observado do pó de $MgSO_4$ é _____________ (A) gm
- A cor do pó é _______________
- É __________________ por natureza. (Cristalino ou Amorfo)

Cálculos:
I. Rendimento Teórico:

40,30g de MgO dão 120,37g de $MgSO_4$ em pó.

Portanto 1,0 g de pó de MgO $= \dfrac{120.37 \ x \ 1}{40.30}$

= 2,98 g de pó de $MgSO_4$

$\therefore$ Rendimento Teórico = 2,98 g

II Rendimento percentual:

Rendimento percentual $= \dfrac{Observed\ yield}{Theoretical\ Yield} \ x \ 100$

$= \dfrac{A}{2.98} \ x \ 100 =$ _____________%

Formulários

- Médico e Farmacêutico: O sulfato de magnésio é usado na medicina como repositor de eletrólitos em fluidos intravenosos para o tratamento da deficiência de magnésio e de certas condições médicas, como eclâmpsia e pré-eclâmpsia durante a gravidez. Também é usado topicamente na forma de banhos de sal Epsom para aliviar dores musculares e promover relaxamento.

- Agricultura: É usado como fertilizante para fornecer nutrientes de magnésio e enxofre às plantas. Também pode ser aplicado em solos para corrigir deficiências de magnésio.
- Industrial: O sulfato de magnésio é utilizado em diversos processos industriais, incluindo a produção de papel, têxteis e corantes. Também é usado como agente secante e dessecante em certas aplicações.
- Aditivo Alimentar: Em alguns países, o sulfato de magnésio é usado como aditivo alimentar (sal Epsom) para melhorar a textura e o sabor dos alimentos processados.
- Segurança: O sulfato de magnésio é geralmente considerado seguro quando usado conforme as instruções. No entanto, a ingestão ou exposição excessiva pode levar à toxicidade do magnésio, que pode causar sintomas como náuseas, vómitos, diarreia e, em casos graves, paragem cardíaca. É essencial seguir as diretrizes adequadas de dosagem e manuseio.
- Impacto Ambiental: O sulfato de magnésio é biodegradável e não persiste no meio ambiente. No entanto, o uso excessivo na agricultura pode contribuir para a salinidade do solo e desequilíbrios nutricionais.
- No geral, o sulfato de magnésio tem diversas aplicações na medicina, agricultura, indústria e processamento de alimentos devido à sua solubilidade, disponibilidade de nutrientes de magnésio e enxofre e toxicidade relativamente baixa quando usado adequadamente.

Resultado :

1) Peso do pó de $MgSO_4$ =________gm

2) Rendimento percentual de pó de $MgSO_4$ = _______%

3) Sulfato de magnésio foi preparado e submetido.

do Professor :_ ________________

Experiência nº 05

Objetivo Preparar e enviar alúmen de potássio (K_2SO_4 . $Al_2(SO_4)_3$.$24H_2O$)

Requisitos: Produtos químicos necessários: - Sulfato de potássio, Sulfato de alumínio. Aparelhos necessários: - Copo, funil, vareta de vidro e cilindro medidor.

Teoria : O alúmen de potássio, também conhecido como alúmen de potássio ou alumina de potássio, é um composto químico com a fórmula $K_2SO_4 \cdot Al_2(SO_4)_3 \cdot 24H_2O$. Aqui estão algumas informações detalhadas sobre ele:

Fórmula Química : $K_2SO_4 \cdot Al_2(SO_4)3 \cdot 24H_2O$

Peso molecular: Aproximadamente 474,39 g/mol

Aparência: O alúmen de potássio normalmente ocorre como cristais incolores , inodoros e transparentes ou pó branco.

Ocorrência: O alúmen de potássio ocorre naturalmente em alguns minerais, como a alunita. Também é produzido sinteticamente para diversas aplicações industriais e comerciais.

Propriedades físicas:

Solubilidade: O alúmen de potássio é solúvel em água e sua solubilidade aumenta com a temperatura. É insolúvel em álcool.

Hidratação: O alúmen de potássio é um composto hidratado e a presença de moléculas de água ($24H_2O$) é parte essencial de sua estrutura.

Propriedades quimicas:

O alúmen de potássio é um sal duplo composto por dois sais de sulfato : sulfato de potássio (K_2SO_4) e alumínio sulfato ($Al_2(SO_4)_3$). Forma cristais octaédricos com moléculas de água ocupando os espaços entre os íons sulfato .

É estável em condições normais, mas pode se decompor quando aquecido, liberando água e deixando para trás alúmen de potássio anidro.

$$Al_2(SO_4)_3 + K_2SO_4 + 24H_2O \rightarrow 2K_2SO_4 . Al_2(SO_4)_3 . 24H2O$$

Procedimento:

1) Dissolva 3,2g de sulfato de potássio (K_2SO_4) em 10ml de água destilada em um béquer de 100ml.
2) Dissolva 1,5g de sulfato de alumínio $Al_2(SO_4)_3$ em 15ml de água destilada em um béquer de 100ml.
3) Aqueça ambas as soluções cuidadosamente e misture lentamente com agitação contínua.
4) Resfrie a solução em banho de gelo por 30 minutos.

5) Cristais de alúmen de potássio se separam.
6) Filtre a solução usando papel de filtro.
7) Seque e pese o alúmen de potássio.

Observações e Cálculos:

Observação:

- O peso observado do pó de alumínio é ___________ (A) gm
- A cor do pó é _______________
- É _________________ por natureza. (Cristalino ou Amorfo)

Cálculos:

I. Rendimento Teórico:

630,38 g de $(Al_2(SO_4)_3.16H_2O)$ dão 948,77 g de pó de alumínio .

Portanto, 1,0 g de $(Al_2(SO_4)_3.16H_2O)$ pó $= \dfrac{1\,x\,948.77}{630.38}$

= 1,5 g de alume pó

$\therefore$ Rendimento Teórico = 1,5 g

II.   Rendimento percentual:

Rendimento percentual$= \dfrac{Observed\,yield}{Theoretical\,Yield}\,x\,100$

$= \dfrac{A}{1.5}\,x\,100 = $___________%

Formulários :

- Industrial: O alúmen de potássio tem diversas aplicações industriais, incluindo purificação de água, fabricação de papel, tingimento, curtimento e como mordente em tingimento têxtil.
- Indústria alimentícia: É usado como aditivo alimentar em decapagem e fermento em pó para proporcionar uma textura crocante e melhorar a fermentação.
- Cosméticos: O alúmen de potássio é usado em alguns cosméticos e produtos de higiene pessoal, como loções pós-barba e desodorantes, por suas propriedades adstringentes e anti-sépticas.
- Medicina: Na medicina tradicional, o alúmen de potássio tem sido utilizado pelas suas propriedades adstringentes e hemostáticas no tratamento de pequenos cortes e feridas.

- Segurança: O alúmen de potássio é geralmente reconhecido como seguro (GRAS) para uso em produtos alimentícios e cosméticos quando utilizado de acordo com as boas práticas de fabricação. No entanto, a ingestão excessiva pode causar irritação gastrointestinal. É considerado seguro para uso tópico.
- Impacto Ambiental: O alúmen de potássio é biodegradável e não persiste no meio ambiente. Porém, seu descarte deve ser gerenciado de forma adequada para evitar acúmulo excessivo em corpos d'água e solos.

Resultado :

1) Peso do pó de alumínio =________gm

2) Rendimento percentual de pó de alumínio = _______%

3) Alúmen ($K_2SO_4.Al_2(SO_4)_3.16H_2O$) foi preparado e submetido.

do Professor :_ ________________

<u>**Experiência n° 06**</u>

Mirar: Sintetizar nanopartículas de prata pelo método de síntese química.

Requisitos: solução de nitrato de prata 1mM (2ml), borohidreto de sódio 2mM + solução de citrato trissódico 4,28mM (48 ml), tubos de ensaio, béqueres, placa quente com temperatura controlada com agitador magnético, centrífuga, tubos de centrífuga, etc.

Produtos químicos necessários:
Teoria: Introdução às Nanopartículas :
Nanopartículas são partículas que variam em tamanho de 1 a 100 nanômetros em pelo menos uma dimensão. Eles podem ser sintetizados a partir de uma variedade de materiais, incluindo metais, óxidos metálicos, polímeros e materiais à base de carbono, como o grafeno. Devido ao seu pequeno tamanho, as nanopartículas exibem propriedades físicas, químicas e biológicas únicas que são distintas das suas contrapartes em massa. Essas propriedades tornam as nanopartículas incrivelmente versáteis e úteis em uma ampla gama de aplicações em vários campos, incluindo medicina, eletrônica, remediação ambiental e energia.

Procedimento:
1. Aquecer 48 ml de solução aquosa recentemente preparada contendo $NaBH_4$ e solução de citrato trissódico a 60°C durante 30 minutos no escuro com agitação vigorosa para obter uma solução homogénea.
2. Ao final dos 30 minutos, adicionar gota a gota o volume necessário de solução de $AgNO_3$ (2ml) à mistura e posteriormente elevar a temperatura para 90°C.
3. Quando a temperatura atingir 90°C, ajuste o pH para 10,5 usando NaOH 0,1M enquanto continua aquecendo por 20 minutos, até que uma mudança de cor seja evidente. Resfriar a suspensão de nanopartículas foi deixada à temperatura ambiente.
4. Para remover os redutores que não reagiram, centrifugue a suspensão de nanopartículas Ag desejada rpm por 10 minutos.
5. Lave a suspensão com água destilada.
6. Armazenado a 4°C para uso futuro.

Usos
Algumas características e aplicações principais das nanopartículas incluem:
Propriedades dependentes do tamanho As propriedades das nanopartículas, como ponto de fusão, propriedades ópticas, magnéticas e catalíticas, podem mudar drasticamente com o tamanho devido aos efeitos quânticos. Essa sintonização torna as nanopartículas valiosas em diversas aplicações.
Aplicações biomédicas : As nanopartículas são amplamente utilizadas na biomedicina para administração de medicamentos, imagens, diagnóstico

e terapia. Seu pequeno tamanho permite que penetrem barreiras biológicas e atinjam células ou tecidos específicos, minimizando os efeitos colaterais e melhorando a eficácia do tratamento.

de catálise servem como catalisadores eficientes devido à sua alta relação área superficial-volume e propriedades de superfície únicas. Eles encontram aplicações em síntese química, remediação ambiental e processos de conversão de energia.

Eletrônica e Optoeletrônica : Nanopartículas são incorporadas em dispositivos eletrônicos, como sensores, transistores e monitores, para melhorar o desempenho. Eles também desempenham um papel crucial no desenvolvimento de tecnologias nanoeletrônicas e nanofonônicas.

Remediação Ambiental : Nanopartículas são utilizadas para a remediação de poluentes ambientais, como metais pesados e contaminantes orgânicos, por meio de processos como adsorção, degradação e filtração.

Aplicações energéticas: As nanopartículas contribuem para avanços no armazenamento de energia (por exemplo, baterias, supercapacitores), conversão de energia (por exemplo, células solares, células de combustível) e materiais energeticamente eficientes devido às suas propriedades únicas e desempenho aprimorado.

Preocupações de Segurança e Ambientais Apesar dos seus numerosos benefícios, as nanopartículas levantam preocupações relativamente à sua potencial toxicidade e impacto ambiental. Os esforços de investigação centram-se na compreensão das suas interacções com os sistemas biológicos e o ambiente para garantir uma utilização segura e sustentável.

Observações:

1) O peso das nanopartículas de prata é ______

2) O valor UV das nanopartículas de prata é ________

Resultado: Peso das nanopartículas de Prata = _________

do Professor :_ ________________

<u>**Experiência nº 07**</u>

Objetivo: Estimar a quantidade de laranja de metila na solução dada por colorimetria.

Requisitos: Solução estoque de laranja de metila 25 μg/cm³ solução desconhecida de laranja de metila, Solução em branco: Água destilada

Teoria:

Laranja de metila é um indicador de pH frequentemente usado em laboratórios de química para determinar a acidez ou basicidade de uma solução.

Estrutura Química : O laranja de metila tem a fórmula química $C_{14}H_{14}N_3NaO_3S$, e sua estrutura consiste em um grupo azo (-N=N-) ligado a um anel fenil. Também contém um grupo sulfonato (-SO3Na) que confere solubilidade em água.

Aparência: A laranja de metila normalmente aparece como um pó vermelho ou laranja.

Faixa de pH : O laranja de metila muda de cor dentro de uma faixa de pH de aproximadamente 3,1 a 4,4. Abaixo de pH 3,1, parece vermelho, enquanto acima de pH 4,4, parece amarelo.

Valor pKa : O laranja de metila tem um valor pKa (o logaritmo negativo da constante de dissociação do ácido) de cerca de 3,47. Isso significa que ele sofre uma mudança de cor em um pH próximo ao seu valor de pKa .

Solubilidade: O laranja de metila é solúvel em água, mas menos solúvel em solventes orgânicos como etanol ou éter.

A densidade óptica de várias concentrações de solução aquosa de laranja de metila e solução desconhecida é medida. A concentração de laranja de metila em solução desconhecida é determinada a partir de um gráfico de calibração usando OD de solução desconhecida.

Procedimento: Solução de concentrações conhecidas de laranja de metila é preparada a partir da solução estoque como segue

Frasco Não	Volume de solução de Laranja de Metila	Dilua cada solução usando água destilada	Conteúdo de Laranja de Metila	Densidade ótica
1	00	100cm3		
2	10	100cm3		
3	20	100cm3		
4	30	100cm3		

5	40	100cm3		
6	50	100cm3		
7	Desconhecido	100cm3		

Determine o OD de cada solução usando um filtro de 420 nm. Use água destilada como branco.

Gráfico: traçar um gráfico dos valores de densidade óptica em relação a várias concentrações de laranja de metila. Determine a concentração de solução desconhecida de laranja de metila no gráfico de calibração

Usos

Titulação Ácido-Base: O laranja de metila é comumente usado como indicador ácido-base em titulações, particularmente para ácidos e bases fortes. Ele muda de cor bruscamente no ponto de equivalência da reação.
Teste de pH: É usado para determinar o pH de várias soluções, principalmente em ambientes educacionais e experimentos de laboratório.
Controle de qualidade: A laranja de metila também é usada em processos de controle de qualidade em indústrias como farmacêutica, alimentícia e tratamento de água.
Segurança: O laranja de metila é geralmente considerado seguro quando manuseado adequadamente. No entanto, é importante evitar a ingestão ou inalação do pó. Equipamentos de proteção individual, como luvas e óculos de proteção, devem ser usados ao manuseá-lo.
Impacto Ambiental: A laranja de metila não é considerada ecologicamente correta devido à sua origem sintética e potencial toxicidade. Métodos de descarte adequados devem ser seguidos para evitar a contaminação ambiental.
Regulamentação: A laranja de metila é regulamentada em algumas jurisdições devido aos seus potenciais impactos ambientais e à saúde. É essencial cumprir as regulamentações locais relativas ao seu manuseio, uso e descarte .

Resultado:

1) Densidade óptica de solução desconhecida=_________

2) Quantidade de laranja de metila presente em determinada solução = _______ug

do Professor :_ _________________

Experiência nº 08

Objetivo: Determinar a capacidade neutralizante de ácido de determinado antiácido.

Requisitos: Comprimidos antiácidos, solução de HCl 1N (aproximado), solução de NaOH 0,1N, indicador de fenolftaleína a 1%, balão medidor padrão de 100 cm³, balão cônico de 150 cm³, pipeta de 10 cm³, bureta, água destilada, béquer de 250 cm³ etc.

Teoria: Os antiácidos são os medicamentos utilizados para neutralizar o excesso de ácido presente no estômago e aliviar a dor. O antiácido é neutralizado com um volume conhecido de solução ácida padrão. O excesso de ácido é titulado contra uma solução alcalina padrão.

Reações:

1] $2HCl + Mg(OH)_2 \rightarrow MgCl_2 + 2H_2O$
(ácido estomacal)
2] $HCl + NaOH \rightarrow NaCl + H_2O$
(não utilizado)

Procedimento:
Parte I: Padronização:
1. Pegue 10 cm³ de solução IN (aproximadamente) de HCl em um balão medidor padrão de 100 cm³ e dilua até 100 cm³ com água destilada.
2. Pipetar 10 cm³ dele em um frasco cônico de 150 cm³ e titular contra a solução de NaOH 0,1N da bureta usando 2 gotas do indicador fenolftaleína 1%. O ponto final será de incolor a rosa.

Parte II: Estimativa
1. Pesar e transferir Wg ou a quantidade fornecida do antiácido em um béquer de 250 cm³. Adicione 15cm³ de água destilada e 10cm³ de solução padronizada de HCl.
2. Aqueça e mexa para dissolver completamente o antiácido fornecido.
3. Resfriar e transferir o conteúdo do béquer para um balão medidor padrão de 100cm³ e diluir com água destilada.
4. Pipetar 10cm³ dele em um frasco cônico e titular contra a solução de NaOH 0,1N da bureta usando 2 gotas do indicador fenolftaleína a 1%. O ponto final será de incolor a rosa.

Tabela de Observação:

Parte I: Padronização:

Leitura de bureta	EU	II	III	Leitura constante da bureta em x cm³
Inicial	0,0cm³	0,0cm³	0,0cm³	
Final				______ cm³
Diferença				

Parte II: Estimativa

Leitura de bureta	EU	II	III	Leitura constante da bureta em x cm³
Inicial	0,0cm³	0,0cm³	0,0cm³	
Final				______ cm³
Diferença				

Cálculos :

1] 10cm³ da solução diluída de HCl exigiram ______cm³de solução de NaOH 0,1N.

Normalidade da solução diluída de HCl $= \dfrac{x \ X \ 0.1}{10}$

= ________N(A)

Normalidade de determinada solução de HCl = _____ x 10 = _ _____N

2] Quantidade de HCl adicionado em termos de ________ A N NaOH = x cm³

3] Quantidade de HCl não utilizado após neutralização em termos de AN NaOH = ycm ³

4] Quantidade de HCl utilizada por 10 cm³ de solução antiácida diluída

= x- y cm³

= _____cm³ (C)

Assim 100cm³ de HCl usado HCl = 10 x C = _________

Pela reação que observamos, HCl = NaOH = ½ Mg(OH)$_2$

5] Capacidade neutralizante de determinado antiácido

$$= \frac{\textit{Amount of acid used}}{\textit{Weight of antacid}}$$

$$= \frac{10 \; x \, C}{\textit{Weight of antacid}}$$

= ____________gm

Resultado:

1) Normalidade da solução dada de HCl (A) = _________N

2) 10cm³ de solução antiácida diluída consumida= _______cm³ de solução de NaOH 0,1N

3) Capacidade neutralizante de determinado antiácido = _______gm

do Professor :_ __________________

Experiência nº 09

Objetivo: Preparar Sulfato de Tetraamina Cobre (II), $[Cu(NH_3)_4]SO_4$ $5H_2O$

Requisitos: $CuSO_4, 5H_2O$, solução de licor NH_3, álcool etílico, banho de gelo, bomba de sucção, funil de Buchner, papel de filtro Whatman nº 41, copo de 100 cm³ etc.

Teoria: A solução de sulfato de cobre quando tratada com licor de amônia produz um complexo de sulfato cúprico de tetramina de cor azul escuro
.

O complexo é solúvel em água mas insolúvel em álcool, portanto, o complexo é isolado pela adição de álcool à solução aquosa.

$$\left[\begin{array}{cc} H_3N & NH_3 \\ & Cu \\ H_3N & NH_3 \end{array}\right]^{2+}$$

Reação:

$$CuSO_4 + 4NH_3 \rightarrow [Cu(NH_3)_4].SO_4\, H_2\, O$$

Procedimento:

1. Dissolva 1,0g (ou W g ou a quantidade fornecida) de sulfato de cobre em pó em 5-7cm³ de água destilada em um béquer de 100cm³. Mexa bem para dissolver.

2. Adicione 10cm³ de solução de licor de amônia com agitação constante.

3. se precipitado de cor violeta azulada ; que se dissolve em excesso de solução de licor de amônia e obtém-se uma solução de cor violeta azulada.

4. Resfrie bem a solução resultante em banho de gelo e, em seguida, adicione 10 cm³ de álcool etílico aos poucos, com agitação constante.

5. Deixar a mistura reaccional repousar num banho de gelo durante cerca de 20 minutos. Formam-se cristais de cor azul escuro. A solução sobrenadante deve ser quase incolor.(Verifique se a precipitação está completa adicionando uma mistura de 1cm³ de licor NH_3 e 1cm³ de álcool etílico.

6. Filtre o complexo colorido através de um funil de Buchner contendo papel de filtro Whatman No.41 em uma bomba de sucção. Lave o complexo com 1cm3 de álcool etílico.

7. Secar o complexo ao ar e pesá-lo para obter o rendimento [Cu(NH_3)$_4$].SO_4 H_2 O

Observações:
Peso do complexo [Cu (NH_3)$_4$].SO_4 H_2 O =__________ x gm.

Cálculos: Rendimento do complexo:
Rendimento observado do complexo: = _______________x gm

Rendimento teórico do complexo:
Agora $_{294,54g}$ CuSO4 . 5 H_2 O dá 245,54g de [Cu(NH_3)$_4$].SO_4 . 5 H_2 O

$$\therefore \text{W gm de } CuSO_4 \ 5 \ H_2 \ O \text{ dá} \frac{245.54 \times \square}{249.54} \text{ de } [\ Cu\ (\ NH_3\ )\ _4\ ].SO_4\ H_2\ O$$

$\therefore$ W gm de $CuSO_4$ 5 H_2 O dá = 0,984 ×Wgm de [Cu(NH_3)$_4$].SO_4 H_2 O

Rendimento percentual:
0,984 ×W gm de [Cu (NH_3)$_4$].SO_4 H_2 O = 100% de rendimento

$$x \text{ gm de } [\ Cu\ (\ NH_3\ )\ _4\ ].SO_4\ H_2\ O = \frac{100 \times \square}{0.984\ \square} = \underline{\hspace{2cm}} \ (Z\% \text{ de rendimento})$$

Resultado:
1] Rendimento Teórico = 0,984 x W =_______gm
2] Rendimento observado (x) = __________gm
3] Rendimento percentual (z)=________%

do Professor :_ _______________________
<u>**Experiência nº 10**</u>

Objetivo : Compreender o manuseio do software de desenho químico
em química

Descrição do software :
O software Chem Draw é comumente usado para desenhar, salvar e
exportar estruturas químicas.

Desenho Básico:

I. Selecione a opção "Novo" no menu Arquivo ou na barra de
ferramentas para criar um novo desenho.

II. Use as ferramentas de desenho fornecidas para desenhar átomos,
ligações e moléculas.

III. Clique na ferramenta Átomo e depois clique na área de desenho
para colocar os átomos.

IV. Clique na ferramenta Bond e depois clique e arraste entre os
átomos para formar ligações.

V. Experimente diferentes tipos de ligações (simples, duplas, triplas)
e propriedades de átomos.

Modificando Estruturas:

I. Explore opções para modificar estruturas:

II. Selecione um átomo ou ligação e use o painel de propriedades para
alterar propriedades como tipo de átomo, comprimento de ligação
ou ângulo de ligação.

III. Use o menu "Editar" ou as opções da barra de ferramentas para
cortar, copiar, colar ou excluir átomos ou ligações selecionadas.

Modelos e estruturas:

I. Utilize modelos e estruturas pré-desenhadas para moléculas
comuns:

II. Selecione o painel "Modelos" para acessar uma variedade de
modelos.

III. Arraste e solte modelos na área de desenho para adicioná-los ao
desenho.

Texto e rótulos:

I. Adicione texto e rótulos ao seu desenho:

II. Selecione a ferramenta Texto e clique na área de desenho para
adicionar texto.

III. Use o painel Propriedades do texto para personalizar fonte,
tamanho e alinhamento.

IV. Rotule átomos ou ligações selecionando-os e digitando o rótulo.

Salvando seu trabalho:

I. Salve seu desenho:
II. Selecione "Salvar" no menu Arquivo ou na barra de ferramentas.
III. Escolha um local no seu computador e digite um nome de arquivo.
IV. Selecione o formato do arquivo (por exemplo, .cdx para arquivos ChemDraw).

Exportando seu desenho:

I. Exporte seu desenho para compartilhar ou usar em outros aplicativos:
II. Selecione "Exportar" no menu Arquivo ou na barra de ferramentas.
III. Escolha o formato de arquivo desejado (por exemplo, PNG, JPEG, PDF).
IV. Especifique quaisquer opções, como resolução ou intervalo de páginas.

Fechando ChemDraw :

I. Quando terminar, feche o ChemDraw :
II. Selecione "Fechar" no menu Arquivo ou clique no botão Fechar (X) na janela.

Prática e Exploração:

I. Pratique desenhar várias moléculas e estruturas para se sentir mais confortável com o software.
II. Explore recursos e ferramentas adicionais no ChemDraw à medida que você se torna mais proficiente.

Tarefas dos Alunos

I. Os alunos devem desenhar estruturas durante suas apresentações ou em quaisquer competições.

Conclusão : (Os alunos escreverão depois de aprender o software)

____
____
____
____
____
____
____
____
____

Assinatura do Professor_________________________

<u>**Experiência nº: 11**</u>

Objetivo: Compreender as aplicações do software de desenho químico em química

Desenho de Estrutura Química:

ChemDraw é usado principalmente para desenhar estruturas químicas, incluindo moléculas orgânicas, compostos inorgânicos e moléculas bioquímicas.

Os químicos o utilizam para criar representações precisas de estruturas moleculares para fins de pesquisa, educação e publicação.

Mapeamento de reação:

ChemDraw permite que os químicos desenhem reações químicas, incluindo reagentes, intermediários, produtos e condições de reação.

É útil para planejar e visualizar caminhos sintéticos, análises retrossintéticas e estudos mecanísticos.

Análise de Dados Químicos:

ChemDraw fornece ferramentas para análise de dados químicos, incluindo análise espectral para RMN, IV e espectros de massa.

Os químicos usam esses recursos para interpretar dados experimentais, atribuir picos e identificar grupos funcionais em espectros.

Cadernos de Laboratório:

ChemDraw pode ser usado para criar cadernos de laboratório digitais para documentar experimentos, observações e resultados.

Os pesquisadores podem organizar e anotar informações químicas, incluindo estruturas, reações e espectros, em formato digital.

Acesso ao banco de dados químicos:

ChemDraw permite aos usuários acessar bancos de dados químicos e pesquisar estruturas, propriedades e reações químicas.

Os químicos podem importar estruturas de bancos de dados externos diretamente para o ChemDraw para análise ou manipulação posterior.

Educação Química:

ChemDraw é amplamente utilizado no ensino de química para ensinar estrutura, nomenclatura e reações químicas.

Os educadores podem criar diagramas, planilhas e questionários interativos usando o ChemDraw para envolver os alunos e reforçar conceitos.

Comunicação Química:

ChemDraw facilita a comunicação de informações químicas por meio de representações visuais, como figuras, diagramas e apresentações.

Os químicos o utilizam para criar ilustrações de alta qualidade para artigos de pesquisa, apresentações, pôsteres e patentes.

Informática Química:

ChemDraw oferece suporte a aplicações de quimioinformática, como pesquisa baseada em estrutura, análise de similaridade e previsão de propriedades.

Os pesquisadores usam esses recursos para explorar o espaço químico, projetar novas moléculas e otimizar propriedades químicas.

Publicação Química:

ChemDraw é usado na indústria editorial para criar figuras e diagramas químicos em revistas científicas, livros didáticos e bancos de dados online.

Os editores o utilizam para garantir representações precisas e padronizadas de estruturas e reações químicas.

Ciência e Engenharia de Materiais:

ChemDraw encontra aplicações em ciência e engenharia de materiais para projetar e caracterizar polímeros, nanopartículas e outros materiais.

Os pesquisadores o utilizam para modelar estruturas moleculares, prever propriedades de materiais e simular processos químicos.

Assinatura do Professor___________________

<u>**Experiência nº 12**</u>

Objetivo: Preparação do Monograma dos seguintes

Nota: Dois alunos em um grupo prepararão o monograma do medicamento conforme determinado pelo professor (os dados devem ser coletados na Biblioteca usando a Farmacopeia Indiana)

Sr. Não	Nome das drogas	Sr. Não	Nome das drogas
1	Aspirina	21	Pantoprazol
2	Diclofenaco	22	Isoniazida
3	Penicilina	23	Atorvastatina
4	Nicotinamida	24	Raricap
5	Fluconazol	25	Piridoxina
6	Etambutol	26	Nevirapina
7	Riboflavina	27	cloroquina
8	Cloranfenicol	28	Efavirenz
9	Hidroxicloroquina	29	Ibuprofeno
10	Levotiroxina	30	Fenobarbitona
11	Metotrexato	31	Cefixima
12	Acetazolamida	32	Fenitoína Sódica
13	Sulfato de salbutamol	33	Acetato de Prednisolona
14	Miconazol	34	Amoxicilina
15	Rosuvastatina	35	Diazepam
16	Cetrizina	36	Povidona Iodo
17	Primaquina	37	Efavirenz
18	5-Fluorouracila	38	Doxorrubicina
19	Furosemida	39	Atenolol
20	Nifedipina	40	Omeprazol

Estrutura:

Características e uso do medicamento

Solubilidade:

Teste de identificação: se houver

Preparação de Medicamentos:

Escreva o procedimento aqui:

Reação

Assinatura do Professor_________________

Experiência nº 13

Para entender as medidas de Tendência Central e medidas de Dispersão:

centro de uma distribuição . Medidas de dispersão são aquelas que caracterizam como os dados são distribuídos. A variância, desvio padrão, quartis superior e inferior, intervalo, média, mediana e moda são alguns exemplos dessas medidas.

Medidas de tendência central

A. A média aritmética

O total de todos os valores em uma coleção de dados dividido pelo número total de valores no conjunto é a média desse conjunto de dados. Outro nome comum para isso é média aritmética. A média populacional é representada pela letra grega "mu", enquanto a média amostral é representada pelo sinal " $\bar{x}$ ". Para determinar a média de um conjunto de dados:

Etapas:
1. Totalize todos os valores no conjunto de dados
2. Divida pelo número total de observações

$$\text{Formula}$$
$$mean = \frac{\sum x_i}{n} = \frac{x_1 + x_2 + \cdots + x_n}{n}$$

B. A mediana

A **mediana** de um conjunto de dados é o "elemento intermediário" quando os dados são organizados em ordem crescente. Para determinar a mediana:

1. Organize os dados em ordem crescente, do menor para o maior.
2. Determine o número no centro exato .
    i.   Se houver um número ímpar de pontos de dados, a mediana será o número no meio absoluto.
    ii. Se houver um número par de pontos de dados, a mediana será a média dos dois pontos de dados centrais , o que significa que os dois valores centrais devem ser somados e divididos

por 2.

C. Modo

Num conjunto de dados, a medida que aparece com mais frequência é a moda. Se mais de um número aparecer com mais frequência, pode haver mais de um modo; se cada número aparecer apenas uma vez, pode não haver moda alguma.
Para verificar o modo:
1. Organize os dados em ordem crescente do menor para o maior
2. Confira qualquer valor que apareça novamente.
3. Escolha o valor da Etapa 2 que aparece com mais frequência.

Exemplo:

Encontre média, mediana e moda para o seguinte conjunto de dados.

Dados: 2,06, 2,16, 2,12,1,93,1,89,1,95,1,89

Siga todos os passos e escreva sua resposta aqui

Medidas de dispersão:

A. Encontrando o intervalo

A diferença entre os valores mais baixos e mais altos de um conjunto de dados é conhecida como intervalo.
Para determinar o intervalo:
1. Determine qual valor na sua coleta de dados é o maior. Nós nos referimos a isso como o máximo.2. Determine qual valor em sua coleta de dados é o mais baixo. Referimo-nos a isso como o mínimo. 3. Subtraia o mínimo do máximo. O valor obtido é o intervalo dos dados.

Exemplo: Considere o conjunto de dados:	16, 10, 9, 14, 13, 16, 12, 20, 14
Etapa 1: coloque os dados em ordem, do menor para o maior.	9, 10, 12, 13, 14, 14, 16, 16, 20
Etapa 2: Identifique o seu máximo.	9, 10, 12, 13, 14, 14, 16, 16 20
Etapa 2: Identifique o seu mínimo.	9, 10, 12, 13, 14, 14, 16, 16, 20
Etapa 3: subtraia o mínimo do máximo.	20 − 9 = 11
O intervalo deste conjunto de dados é 11.	

B. Encontrando a Variância e o Desvio Padrão

A variância e os desvios padrão são baseados em uma medida de até que ponto cada valor de dados se desvia da média.
1. Determine a média dos dados. Ao calcular para uma população, utilize μ e ao utilizar uma amostra, utilize $\bar{x}$.
2. Deduza cada valor de dados (xi) da média (μ ou $\bar{x}$).
3. Eleve ao quadrado cada valor obtido na Etapa 2. 4. Some os valores dos quadrados da Etapa 3. 5. Determine o valor de n, o número de pontos de dados em seu conjunto. 6. Se estiver calculando para uma população, divida a soma do Passo 4 por n; se você estiver calculando para uma amostra, divida-a por n – 1. Você obterá a variação fazendo isso. 7. Eleve este valor ao quadrado para obter o desvio padrão.
Fórmula

$$\sigma = \sqrt{\frac{\sum_i^N (x_i - \mu)^2}{N}} \qquad \text{Eq. 22.3}$$

$$s = \sqrt{\frac{\sum_i^N (x_i - \bar{x})^2}{N-1}} \qquad \text{Eq. 22.4}$$

Exemplo: Calcule a variância amostral e o desvio padrão amostral Considere o conjunto de dados amostrais: 16, 10, 9, 14, 13, 16, 12, 20, 14.

Passo 1: A média dos dados é 14, conforme mostrado anteriormente na Seção A.

Etapa 2: subtraia a média de cada valor de dados.

16 – 14 = **2** ; 10 – 14 = **-4** ; 9 – 14 = **-5** ; 14 – 14 = **0**

13 – 14 = **-1** ; 16 – 14 = **2** ; 12 – 14 = **-2** ; 20 – 14 = **6** ; 14 – 14 = **0**

Etapa 3: eleve ao quadrado esses valores.

2^2 = **4** ; $(-4)^2$ = **16** ; $(-5)^2$ = **25** ; 0^2 = **0** ; $(-1)^2$ = **1** ; 2^2 = **4** ; $(-2)^2$ = **4** ; 6^2 = **36**

Etapa 4: adicione esses valores. 4 + 16 + 25 + 0 + 1 + 4 + 4 + 36 = **90**

Passo 5: Existem 9 valores em nosso conjunto, então vamos dividir por 9 – 1 = **8** .

Nota: Esta é a sua variação. = 11,25

Etapa 6: faça a raiz quadrada deste número para encontrar seu desvio padrão.√ 11,25 = **3,35**

A **variância** é 11,25 e o **desvio padrão** é 3,35.

Calculando média, mediana e modo usando MS Excel :
Com grandes conjuntos de dados, um cálculo manual destas medidas de tendência central é extremamente tedioso e com tantos valores há uma maior chance de erro.
O Microsoft Excel possui uma função integrada projetada para calcular a média. Para realizar este cálculo no Excel, selecione primeiro todas as células para as quais deseja calcular a média. estaríamos selecionando células, clique e mantenha pressionado o mouse na primeira célula dos seus dados e arraste para baixo a caixa que aparece até a última célula de dados. Depois que todos os dados forem destacados, clique na seta ao lado do botão "AutoSoma" (∑) e selecione "Média". Depois de clicar em "Média", a média aparecerá diretamente abaixo dos dados selecionados (na célula próxima à última célula) por padrão. A média calculada também pode ser calculada usando a função = Média (dados destacados)
Exemplo: Usando fórmulas calculando média, mediana , modo

Height		Height	
139		139	
140		140	
154		154	
154		154	
154		154	
155		155	
180		180	
192		192	
192		192	
		196	
		mean	165.6
mean	162.2222222		
median	154		
mode	154		

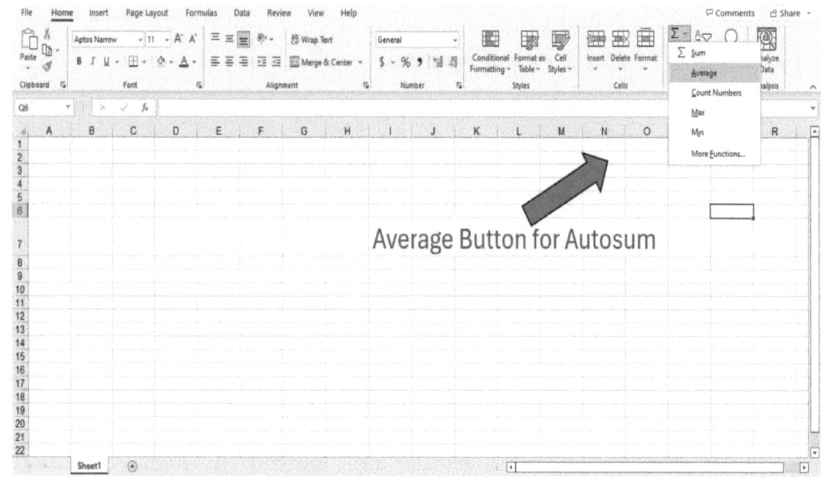

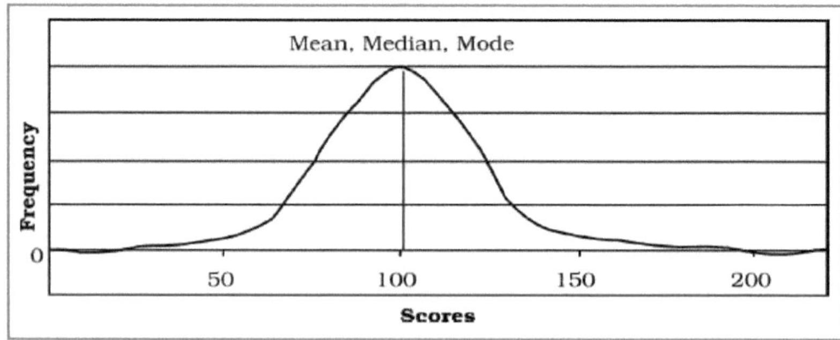

Curva de erro normal

Some important tips of notation

	Measure of...	Population Parameter	Sample Statistic	Parameter Estimate
Mean	Arithmetic average	μ	$\overline{X}$ or M	$\overline{X}$ or M
Population Size	Number of subjects	N	n	n
Variance	Average variability	σ^2	s^2	$\hat{s}^2$
Standard Deviation	Average distance between a value and the mean	σ	s	$\hat{s}$
Correlation	Strength of relationship between two variables	ρ	r	r

Desvio padrão usando a fórmula do Excel :
Os cálculos de desvio padrão são mais fáceis de realizar com o Excel. Mas primeiro, é fundamental compreender os seis cálculos de desvio padrão do Excel.

1. Use as seguintes fórmulas para obter o desvio padrão da amostra: STDEV.S, STDEVA e STDEV.

2. Use as fórmulas STDEV.P, STDEVPA e STDEVP nesta categoria para obter o desvio padrão para a população total.

Referências

1. Singh HR, Kapoor VK "Química Farmacêutica Prática", Vallabh Prakashan , Ed. Ist , 2008 , pp 109.

2. Chatwal GR, "Química Farmacêutica Inorgânica" Editora Himalaya, 5ª Ed. 5°, 2010, pp 161-163.

3. Química Inorgânica Prática , Preparações , reações e métodos instrumentais. Geoffrey Pass, Haydn Sutcliffe https://doi.org/10.1007/978-94-017-2744-0 Springer Dordrecht

4. BJ Hathaway, AAG Tomlinson, Complexos de cobre (II) amônia, Revisões de Química de Coordenação, Volume 5, Edição 1,1970, Páginas 1-43, ISSN 0010-8545

5. Livro Texto de Química Farmacêutica Inorgânica I (preparação de carbonato de cálcio) Por Anamika Singh, Dr. Ram Janma , Drx Umesh Chand Sharma , Muinur Rahman · 2022 Pg 194-195.

6. A Química e Tecnologia da Magnésia (preparação de carbonato de magnésio) Por Mark A. Shand · 2006 pg 83-85

7. Manual Prático de Análise Farmacêutica (ácido bórico) Por Phoolsingh Yaduwanshi Reenu Yadav Prashanti Chitrapu 2023 páginas 94-96

8. Um livro prático de química farmacêutica inorgânica (conforme PCI Syllabus, B. Pharm, 1° semestre) (alúmen de potássio) Por Prof (Dr.) Biplab Debnath , Prof (Dr.) Biswajit Dash , Dr. Dkhar , Sr. Rupjyoti Kalita , Sra. Priyanka Yadav · 2022 pg 57

9. Compostos de Magnésio: Avanços em Pesquisa e Aplicação: Edição 2011 ScholarlyBrief 2012 páginas 14-20

Printed by Books on Demand GmbH, Norderstedt / Germany